Made in the USA
Middletown, DE
27 August 2022

72487184R00057